超级简单
鸡尾酒

［法］杰西·卡内罗斯·魏纳　著　　［法］里夏尔·布坦　摄影
宫古儿　译

北京出版集团公司
北京美术摄影出版社

目　录

注：本书食材图片仅为展示，不与实际所用食材及数量相对应

经典鸡尾酒系列

莫吉托

 5 分钟

 1 人份

青柠汁 30 毫升

薄荷叶 6 片

○ 在柯林杯中放入粗红糖、薄荷叶，
倒入青柠汁，搅拌均匀。

○ 用鸡尾酒捣棒或是勺子将杯中的
配料捣碎备用。

粗红糖 2 茶匙

白朗姆酒 50 毫升

○ 加入白朗姆酒和适量冰块，搅拌
均匀。最后倒入苏打水，并用薄
荷叶进行装饰即可。

苏打水

玛格丽特

 5分钟

 1人份

盐花 2 汤匙

龙舌兰酒 60 毫升

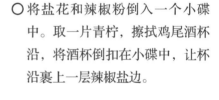

○ 将盐花和辣椒粉倒入一个小碟中。取一片青柠，擦拭鸡尾酒杯沿，将酒杯倒扣在小碟中，让杯沿裹上一层辣椒盐边。

○ 在雪克壶中放入适量冰块，倒入龙舌兰酒、青柠汁以及君度利口酒。摇晃 20 秒钟。

○ 将调好的鸡尾酒倒入裹有辣椒盐边的鸡尾酒杯中，最后在杯沿上装饰上青柠片即可。

青柠汁 30 毫升

君度利口酒 30 毫升

辣椒粉少许

椰林飘香

 5 分钟

 1 人份

冷冻菠萝 200 克

白朗姆酒 30 毫升

○ 将所有配料全部放入搅拌机中，搅拌直至所有配料混合均匀。

○ 将调好的鸡尾酒倒入鸡尾酒杯中。用菠萝片和覆盆子进行饰边即可。

马利宝朗姆酒 30 毫升

椰子奶油 50 克

金马天尼

 5 分钟

 1 人份

金酒 150 毫升

苦艾酒 50 毫升

青橄榄 1 颗

○ 在马天尼杯中倒满冰块，将杯子冷却。

○ 在雪克壶中加入适量的冰块，然后倒入金酒和苦艾酒。摇晃 30 秒钟，直至雪克壶表面起霜。

○ 将马天尼杯中的冰块倒回冰桶。再将调制好的鸡尾酒倒入冰镇过的马天尼杯中，最后将青橄榄放入杯中装饰即可。

凯匹林纳鸡尾酒

 5 分钟

 1 人份

青柠半个

粗红糖 1 茶匙

○ 将青柠切成 4 个楔子状（去除中间白色部分避免苦涩）。

○ 将青柠放入杯中，倒入粗红糖，用捣棒进行按压直至粗红糖完全融化。

○ 将巴西朗姆酒卡萨沙倒入杯中，搅拌均匀。

○ 最后放入适量冰块，再用青柠片装饰杯沿即可。

巴西朗姆酒卡萨沙
75 毫升

金汤力（琴汤尼）

 5分钟

 1人份

金酒 90 毫升

汤力水 120 毫升

○ 在玻璃杯中加入适量冰块。

○ 倒入金酒、汤力水以及青柠汁，
搅拌均匀。

○ 最后加入青柠片或黄瓜片进行装
饰即可享用。

青柠汁 1 汤匙　　　黄瓜半根

自由古巴

 5 分钟

 1 人份

可乐 120 毫升

白朗姆酒 50 毫升

○ 在玻璃杯中加入适量的冰块。

○ 再将白朗姆酒、青柠汁和可乐倒入杯中，搅拌均匀。

○ 最后将青柠片放入杯中，并取一片青柠装饰杯沿即可享用。

青柠汁 1 汤匙

青柠半个

经典鸡尾酒系列

代基里酒

 5 分钟

 1 人份

白朗姆酒 50 毫升

甘蔗糖浆 15 毫升

○ 在雪克壶中加入适量冰块。

○ 再将白朗姆酒、青柠汁和甘蔗糖浆倒入雪克壶中。摇晃 20 秒钟。

○ 将调制好的鸡尾酒用滤网过滤到鸡尾酒杯中。

○ 最后用青柠片装饰杯沿即可。

青柠汁 30 毫升

经典鸡尾酒系列

贝里尼

✎ 2分钟

☺ 1人份

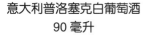

意大利普洛塞克白葡萄酒
90 毫升

水蜜桃 2 个

○ 取一个水蜜桃，去皮，并将果肉同 60 毫升水混合，取漏勺将果肉过滤成果泥。

○ 将意大利普洛塞克白葡萄酒与水蜜桃果泥混合，搅拌均匀。

○ 将调制好的鸡尾酒倒入香槟杯中。

○ 最后用水蜜桃片装饰杯沿即可。

含羞草

 2 分钟

 1 人份

**意大利普洛塞克白葡萄酒
或香槟 100 毫升**

橙汁 60 毫升

○ 将意大利普洛塞克白葡萄酒、橙
汁和橙皮酒混合，搅拌均匀。

○ 倒入香槟杯中。

○ 用橙片或橙皮装饰杯沿即可。

橙皮酒 10 毫升

白俄罗斯鸡尾酒（简称白俄）

🔪 5分钟

☺ 1人份

伏特加 60 毫升　　　　咖啡利口酒 30 毫升

○ 在洛克杯中加入适量冰块。

○ 倒入伏特加和咖啡利口酒。充分搅拌加以混合。最后加入鲜稠奶油即可享用。

鲜稠奶油 30 毫升

古典鸡尾酒

 5 分钟

 1 人份

黑麦威士忌 50 毫升

苦精 2 滴

○ 在古典杯中放入方糖，加入 2 滴
苦精和 1 茶匙水；用勺子将方糖
捣碎直至完全溶化。

○ 倒入黑麦威士忌，再加入适量冰块。

○ 饰以橙片和樱桃即可。

方糖 1 块

草莓凯皮路易斯加

 5分钟

 1人份

伏特加 60 毫升

青柠 1 个

○ 将青柠分为八份，留一片备用；将草莓去梗、切块，留几块备用。

○ 将青柠片、草莓块以及白糖加入古典杯中，用捣棒或是勺子将其压碎，以释放果味和酸味；倒入伏特加并充分搅拌；再加入苏打水。

白糖 1 茶匙

草莓 100 克

○ 最后加入碎冰块和草莓块，饰以青柠片即可享用。

苏打水 30 毫升

皮恩杯鸡尾酒

 5分钟

 1人份

飘仙一号力娇酒 60 毫升

姜汁汽水 90 毫升

○ 先在高球杯中加入适量冰块。

○ 将飘仙一号力娇酒和姜汁汽水倒
　入杯中，搅拌均匀。

○ 最后放入黄瓜片、草莓片以及橙
　片进行装饰即可。

黄瓜 5 薄片

草莓 2 颗

橙子 1 片

蓝色夏威夷

 5 分钟

 1 人份

白朗姆酒 30 毫升

蓝橙力娇酒 30 毫升

○ 将配方中所有配料以及 100 克冰块放入搅拌机中，充分搅拌直至所有配料混合均匀。

○ 将调制好的鸡尾酒倒入马天尼杯中；用橙片或柠檬片进行装饰即制作完成。

菠萝汁 60 毫升

长岛冰茶

 5分钟

 1人份

伏特加 15 毫升

白朗姆酒 15 毫升

○ 在雪克壶中放入适量冰块；除可乐以外，倒入所有酒类和柠檬汁；摇晃 20 秒钟。

○ 在高球杯中放入适量冰块，将雪克壶中的调制品倒入杯中；最后加入可乐，再用柠檬片装饰杯沿即可。

金酒 15 毫升

龙舌兰酒 15 毫升

柠檬汁 1 汤匙

可乐 60 毫升

威士忌酸酒

 5 分钟

 1 人份

威士忌 80 毫升

柠檬汁 40 毫升

○ 在雪克壶中放入适量冰块。

○ 将威士忌、柠檬汁以及甘蔗糖浆倒入雪克壶中。摇晃 20 秒钟直至均匀。

○ 在洛克杯中放入适量冰块，将雪克壶中调制好的鸡尾酒倒入杯中。

○ 最后在杯中放入橙片和樱桃进行装饰即可。

甘蔗糖浆 20 毫升

经典鸡尾酒系列

螺丝锥子

 5 分钟

 1 人份

金酒 160 毫升

青柠汁 40 毫升

甘蔗糖浆 20 毫升

○ 在雪克壶中放入适量的冰块。

○ 将金酒、青柠汁和甘蔗糖浆都倒入雪克壶中。摇晃 20 秒钟直至均匀。

○ 将调好的鸡尾酒倒入鸡尾酒杯中。用青柠片或是青柠皮进行饰边即可。

古典宾治鸡尾酒

调制时间 10 分钟，
静置冷藏 2 小时

8 人份

白朗姆酒 350 毫升

橙汁 1 升

○ 将白朗姆酒和所有果汁倒入大沙拉盆或宾治盆中，搅拌均匀。

○ 先将青柠、橙子和澳洲青苹果切厚片，然后再切成丁。放入沙拉盆或宾治盆中，搅拌均匀。而后盖上盖子，冷藏至少 2 个小时。

○ 在玻璃杯中放入适量冰块，倒入冰镇好的酒和水果即可享用。

综合水果汁 1 升

青柠 2 个

橙子 2 个

澳洲青苹果 1 个

宾治鸡尾酒系列

拓荒者宾治

 调制时间 10 分钟，
静置冷藏 2 小时

 8 人份

青柠 2 个

琥珀朗姆酒 450 毫升

○ 将青柠和香蕉分别切成细薄片，放入大沙拉盆或宾治盆中，并倒入琥珀朗姆酒、橙汁、石榴糖浆和苦精，搅拌均匀。

○ 盖上盖子，放入冰箱冷藏至少 2 个小时。

○ 最后加入冰块，即可享用。

橙汁 280 毫升

香蕉 1 根

石榴糖浆 80 毫升

苦精 10 滴

龙舌兰日出（特基拉日出）

调制时间 5 分钟，
静置冷藏 2 小时

8 人份

橙汁 1 升

龙舌兰酒 500 毫升

○ 将橙子切成细薄片。用叉子将石榴果粒剥离出来。

橙子 1 个

石榴半个

○ 除了石榴糖浆之外，将其余所有的配料放入一个大沙拉盆中并搅拌均匀。冷藏至少 2 个小时。

○ 倒入石榴糖浆，搅拌均匀。最后将调好的鸡尾酒倒入加有冰块的玻璃杯中即可享用。

石榴糖浆

海风宾治

🔪 调制时间 5 分钟，
静置冷冻 8 小时

☺ 8 人份

橙子 1 个　　　　　　石榴半个

○ 将橙片放在一个小碗的底部。加入石榴果粒和适量冰块。再加满水，然后将小碗放入冰箱冷冻 8 个小时，制成一个大冰块。

○ 取一个大沙拉盆，倒入蔓越莓汁、葡萄柚汁和伏特加，搅拌均匀。最后再放入制成的大冰块即可。

伏特加 350 毫升　　　蔓越莓汁 1 升

葡萄柚汁 240 毫升

西瓜宾治

  调制时间5分钟，
静置冷藏2小时

:) 8人份

西瓜 1.5 千克

青柠汁 100 毫升

伏特加 200 毫升

薄荷叶一把

青柠 1 个

苏打水 700 毫升

○ 将西瓜去皮去籽。将2/3的西瓜果肉放入搅拌机中，搅拌直至形成顺滑浓稠的果汁，并用漏勺进行过滤。

○ 将剩余的西瓜切成丁。将青柠切成片。

○ 取一个大沙拉盆，加入西瓜丁和青柠片，倒入西瓜汁、青柠汁和伏特加，再放入薄荷叶，搅拌均匀。放入冰箱冷藏至少2个小时。

○ 最后加入苏打水和适量冰块即可享用。

斯皮特鸡尾酒

5分钟

8人份

橙子2个

意大利普洛塞克白葡萄酒
1.2升

○ 将橙子切成细薄片。

○ 取一只有柄小口酒壶，放入适量冰块。倒入意大利普洛塞克白葡萄酒和阿佩罗开胃酒，搅拌均匀。

○ 再加入苏打水。

○ 最后放入橙片即可装杯享用。

阿佩罗开胃酒 600 毫升

苏打水 300 毫升

大都会

调制时间 5 分钟，
静置冷藏 2 小时

8 人份

伏特加 480 毫升

橙皮酒 120 毫升

○ 将伏特加、橙皮酒、蔓越莓汁和
青柠汁倒入有柄小口酒壶中，搅
拌均匀。冷藏至少 2 个小时。

○ 冷藏后分别倒入鸡尾酒杯中。最
后用青柠皮装饰杯沿即可。

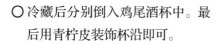

蔓越莓汁 160 毫升   青柠汁 100 毫升

激情海岸

 调制时间 5 分钟，
静置冷藏 2 小时

 8 人份

伏特加 320 毫升

桃味力娇酒 160 毫升

○ 将伏特加和桃味力娇酒倒入有柄小口酒壶中，搅拌均匀。冷藏至少 2 个小时。

○ 将冰镇过的鸡尾酒分别倒入高杯中。然后轻轻倒入蔓越莓汁，防止两种颜色混在一起。

○ 最后用薄荷叶和橙片进行装饰即可享用。

蔓越莓汁 320 毫升

血腥玛丽

调制时间 10 分钟，
静置冷藏 1 小时

8 人份

番茄汁 1.5 升

伏特加 400 毫升

○ 除了芹菜之外，将所有配料都
倒入有柄酒壶之中，搅拌均匀。
稍微尝下味道，如有必要，可以
对调味料的用量和酸度进行适
量的调整。调好后冷藏至少 1 个
小时。

青柠汁 40 毫升

塔巴斯哥辣酱 10 滴

○ 将冰镇过的鸡尾酒分别倒入装有
冰块的玻璃杯中，最后用芹菜进
行装饰，便可享用。

辣酱油 1 茶匙

芹菜一小把

草莓玛格丽特

🔪 调制时间 5 分钟，
静置冷冻 8 小时

☺ 8 人份

草莓 1 千克

龙舌兰酒 180 毫升

○ 将草莓去梗并切成片，放入冰箱冷冻 8 个小时。

白橙力娇酒 50 毫升

青柠 1 个

○ 青柠去皮，榨出新鲜青柠汁。将盐花和青柠皮放入碟中，加以混合。取一片青柠，擦拭杯沿将其蘸湿。然后将杯子倒扣在碟子上，裹上青柠皮盐边。

○ 将冰冻草莓和龙舌兰酒、白橙力娇酒、龙舌兰糖浆以及鲜榨青柠汁倒入搅拌机中搅拌，直至所有配料混合均匀。最后将调制好的鸡尾酒倒入裹有盐边的鸡尾酒杯中即可。

龙舌兰糖浆 1 汤匙

盐花 100 克

莫斯科骡子

🔪 5 分钟

☺ 8 人份

姜汁汽水 1 升

伏特加 360 毫升

○ 将姜汁汽水和伏特加倒入有柄小口酒壶中，搅拌均匀。然后加入青柠汁。

○ 将调好的鸡尾酒倒入装有碎冰块的玻璃杯中，装饰上青柠片和薄荷叶即可享用。

青柠汁 160 毫升

椰子酷乐

 调制时间 5 分钟，
静置冷藏 2 小时

 8 人份

椰子水 1.5 升

金酒 200 毫升

○ 取一个有柄酒壶，倒入椰子水、
金酒、青柠汁和甘蔗糖浆，搅拌
均匀。冷藏 2 个小时。

○ 将调制好的鸡尾酒分别倒入古典
杯中。最后放入一片椰子，并用
青柠片进行装饰即可。

青柠汁 200 毫升

甘蔗糖浆 100 毫升

玫瑰人生

 调制时间 10 分钟,
静置冷藏 1 小时

葡萄柚 1 个

青柠 2 个

😊 8 人份

○ 将葡萄柚和青柠分别切成细薄片。

利莱红利口酒 800 毫升

葡萄柚汁 800 毫升

○ 取一只有柄酒壶,放入切片的葡萄柚和青柠,倒入利莱红利口酒、葡萄柚汁和伏特加,搅拌均匀。冷藏至少 1 个小时。

○ 最后将冷藏过的鸡尾酒倒入装有冰块的玻璃杯中即可享用。

伏特加 400 毫升

65

红色桑格利亚汽酒

调制时间 10 分钟，
静置冷藏 4 小时

6～8 人份

红酒 1 瓶

白兰地酒 100 毫升

○ 将澳洲青苹果和橙子切成细薄片。取一只有柄酒壶，放入切好的水果片，再倒入红酒、白兰地酒和君度利口酒，混合均匀。冷藏至少 4 个小时。

君度利口酒 70 毫升

澳洲青苹果 2 个

○ 将冷藏过的红色桑格利亚汽酒分别倒入酒杯中，再加入苏打水。最后放入适量冰块即可享用。

橙子 2 个

苏打水

白色桑格利亚汽酒

调制时间 10 分钟，静置冷藏 4 小时

6~8 人份

桃子 1 个

粉红佳人苹果 1 个

○ 将桃子和粉红佳人苹果分别切成细薄片。将白葡萄切成两半。

白葡萄 200 克

波尔多白葡萄酒 1 瓶

○ 除了苏打水之外，将所有的配料都放进有柄酒壶中，搅拌均匀。冷藏至少 4 个小时。

○ 将冷藏过的白色桑格利亚汽酒分别倒入酒杯中，再加入苏打水。最后放入适量冰块即可享用。

苹果烧酒 100 毫升

苏打水

爱尔兰咖啡

 5 分钟

 1 人份

鲜稠奶油 40 毫升

热咖啡 80 毫升

○ 掼奶油 2~3 分钟将其乳化，切记不要将奶油打发。

○ 将滚烫的热水倒入高脚杯中，将杯子加热。加热后将杯中的热水倒掉。

○ 将热咖啡、威士忌倒入杯中，加入粗红糖。搅拌直至粗红糖溶化。最后覆盖上掼好的奶油即可。

威士忌 40 毫升

粗红糖 1 茶匙

波本巧克力

 10 分钟

 1 人份

鲜稠奶油 40 毫升

全脂牛奶 180 毫升

○ 掼奶油 2~3 分钟将其乳化，切记不要将奶油打发。

○ 将滚烫的热水倒入爱尔兰杯中，将杯子加热。加热后将杯中的热水倒掉。

黑巧克力 60 克

粗红糖 1 茶匙

○ 将全脂牛奶放在文火上加热直至微沸。然后将牛奶浇在黑巧克力上，加以搅拌直至顺滑。然后加入粗红糖，倒入波本威士忌，然后再次搅拌均匀。

○ 倒入爱尔兰杯中，最后再覆盖上掼好的奶油即可。

波本威士忌 15 毫升

热托地

🔪 5分钟

☺ 1人份

波本威士忌 30 毫升

蜂蜜 1 汤匙

○ 取一个马克杯，将波本威士忌、柠檬汁和蜂蜜倒入其中，搅拌均匀。

○ 再倒入 60 毫升沸水，再次搅拌均匀。

○ 最后放入柠檬片即可享用。

柠檬汁 2 茶匙

热红酒

 15 分钟

 8 人份

苹果汁 1 升

红酒 1 瓶

○ 将所有配料混合放入平底锅中，将平底锅置于文火上加热并煨 10 分钟。

○ 之后将热红酒分别倒入酒杯中，再加入橙皮即可享用。

蜂蜜 1 汤匙

桂皮 1 根

八角 1 个

橙子 1 个

热朗姆酒

🔪 15 分钟

☺ 8 人份

3 立方厘米大小的生姜块

青柠 1 个

○ 将青柠切成细薄片。生姜去皮并切成薄片。分别留几片青柠和生姜以备装饰用。

苹果汁 2 升

蜂蜜 2 茶匙

○ 除了琥珀朗姆酒外，将青柠片和生姜片放进平底锅中，倒入苹果汁和蜂蜜，置于文火上加热并煨10 分钟。熄火并加入琥珀朗姆酒。

○ 将制好的热饮分别倒入杯中。用预留的青柠片和生姜片装饰杯沿即可享用。

琥珀朗姆酒 220 毫升

果汁苦艾酒

 5 分钟

 1 人份

苦艾酒 30 毫升

白朗姆酒 15 毫升

○ 在雪克壶中放入适量冰块。将所有配料倒入雪克壶中，摇晃 20 秒钟。

○ 在飓风杯中放入适量的碎冰块。

○ 将调配好的鸡尾酒倒入杯中，最后用薄荷叶进行装饰即可。

绿薄荷力娇酒 1 茶匙

菠萝汁 30 毫升

椰子糖浆 30 毫升

皮斯科酸酒

🔪 5 分钟

☺ 1 人份

皮斯科 45 毫升

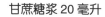

甘蔗糖浆 20 毫升

○ 在雪克壶中加入适量冰块。除了苦精之外，将其他所有配料都倒入雪克壶中，摇晃 20 秒钟。

○ 将调制好的鸡尾酒倒入鸡尾酒杯中，最后再滴入苦精即可。

柠檬汁 30 毫升

蛋白 1 个

苦精 2~5 滴

努迪沙滩

 5 分钟

 1 人份

金酒 40 毫升

接骨木花利口酒
20 毫升

○ 在雪克壶中加入适量冰块。将所有配料倒入雪克壶中，摇晃 20 秒钟。

○ 将调制好的鸡尾酒倒入高杯中。

○ 用青柠片和薄荷叶进行装饰。最后放入冰块即可享用。

青柠汁 30 毫升

生姜糖浆 10 毫升

玫瑰香精 1/4 茶匙

百香果半个

混合鸡尾酒系列

米谢拉达

 5 分钟

 1 人份

盐花 1 汤匙

番茄汁 90 毫升

○ 将盐花倒入小碟中。取一片青柠
擦拭玻璃杯沿将其蘸湿。再将杯
子倒扣在盐花上，制作成盐边。

○ 除了墨西哥啤酒之外，将其他所
有配料都倒入玻璃杯中并搅拌均
匀。接下来，一边搅拌，一边一
点点地倒入墨西哥啤酒。

辣酱油 3 滴

塔巴斯哥辣酱 3 滴

○ 最后用青柠片进行装饰即可。

青柠汁 30 毫升

墨西哥啤酒 300 毫升

粉红玫瑰

 5 分钟

 1 人份

**麦司卡尔酒
30 毫升**

蔓越莓汁 30 毫升

○ 在雪克壶中放入适量冰块。然后将所有配料倒入壶中。摇晃 20 秒钟。

○ 摇晃均匀后倒入低杯中。

○ 最后用葡萄柚皮进行装饰即可。

蒿酒 15 毫升

青柠汁 15 毫升

甘蔗糖浆 10 毫升

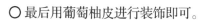

蛋白 1 个

姜汁汽水

 30 分钟

 烹饪时间 15 分钟，
静置浸泡 30 分钟

 8～10 人份

生姜 300 克　　　白糖 300 克

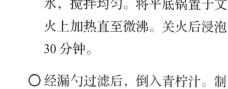

青柠汁 40 毫升　　苏打水

○ 将生姜去皮并切碎。放入平底锅中，再放入白糖，加入 300 毫升水，搅拌均匀。将平底锅置于文火上加热直至微沸。关火后浸泡 30 分钟。

○ 经漏勺过滤后，倒入青柠汁。制成生姜糖浆。

○ 取 40 毫升生姜糖浆倒入杯中。再加入苏打水。

○ 最后加入冰块，并用青柠片装饰杯沿即可。

莫吉托汽酒

 5分钟

 1人份

青柠 1 个

青柠汁 30 毫升

○ 将青柠切成细薄片。

○ 在高球杯中倒入青柠汁，加入蔗糖以及薄荷叶。

○ 借助鸡尾酒捣棒或是吧匙捣研，让蔗糖溶化。之后加入冰块和青柠片。再倒入苏打水，搅拌均匀。

○ 最后用薄荷叶进行装饰即可。

薄荷叶 6 片

蔗糖 2 茶匙

苏打水 200 毫升

哈密瓜汽水

 30 分钟

 烹饪时间 15 分钟，
静置浸泡 30 分钟

☺ 1 人份

哈密瓜 1 个

白糖 400 克

○ 将哈密瓜切块。取一半放入平底锅中，倒入白糖和 400 毫升水。加热直至微沸，然后关火浸泡 30 分钟。制成哈密瓜糖浆。

青柠汁 30 毫升

薄荷一枝

○ 在玻璃杯中放入适量冰块。放入几块新鲜哈密瓜果肉以及薄荷叶。取 40 毫升哈密瓜糖浆倒入其中，再加入青柠汁，搅拌均匀。

○ 最后加入苏打水便制作完成。

苏打水 200 毫升

绿色玛丽

 15 分钟

 1 人份

黄瓜 1 大根

柠檬汁 1 茶匙

○ 黄瓜削皮。放入搅拌机中搅拌，之后用漏勺过滤。留黄瓜汁备用。

○ 在雪克壶中放入适量冰块。将包括黄瓜汁在内的所有配料一起放入雪克壶中，摇晃 20 秒钟直至均匀。

粗红糖半茶匙

塔巴斯哥辣酱 5 滴

○ 将调好的鸡尾酒倒入古典杯中；用一段芹菜、一片黄瓜和一颗青橄榄进行装饰即可。

薄荷 3 枝

红色水果柠檬水

 调制时间 10 分钟，
静置冷藏 2 小时

 8 人份

柠檬汁 600 毫升

草莓 150 克

○ 将草莓洗净，去梗。将草莓和柠檬切成片。

覆盆子 150 克

柠檬 1 个

○ 取一只细颈瓶，倒入柠檬汁、糖浆和 400 毫升水，搅拌均匀。再加入草莓片、覆盆子和柠檬片。

○ 冷藏至少 2 个小时。倒入装有冰块的杯中即可享用。

糖浆 60 毫升

无酒精鸡尾酒系列

西瓜露特饮

 调制时间 25 分钟，
静置冷藏 30 分钟

 4 人份

西瓜 600 克

龙舌兰糖浆 2 汤匙

青柠汁 2 汤匙

青柠半个

薄荷 1 枝

○ 将西瓜去皮去籽。

○ 将处理过的西瓜放入搅拌机中，倒入 100 毫升水，搅拌直至西瓜汁变得顺滑。再加入龙舌兰糖浆和青柠汁。尝一下味道，必要时可以对鸡尾酒的甜度和酸度进行调节。

○ 冷藏至少 30 分钟。

○ 将冷藏过的鸡尾酒倒入装有冰块的杯中，并用薄荷叶和柠檬片进行装饰即可。

阳光菠萝

🔪 5 分钟

☺ 1 人份

菠萝汁 100 毫升

橙汁 100 毫升

○ 取出百香果的果肉以及果汁。

○ 在雪克壶中放入适量冰块。将所有配料倒入雪克壶中，摇晃 30 秒钟直至均匀。

○ 在高杯中放入适量冰块，倒入调好的鸡尾酒即可享用。

百香果半个

芙蓉鸡尾酒

调制时间 30 分钟，静置 1 小时

😊 8 人份

香草豆荚 1 根

芙蓉蔓越莓茶包 4 袋

○ 剖开香草豆荚。取一只有柄小口酒壶，放入芙蓉蔓越梅茶包和剖开的香草豆荚，倒入 1 升沸水。静置 1 个小时将水放凉。然后取出香草豆荚和茶包。

蔓越莓汁 400 毫升

橙汁 300 毫升

○ 将橙子切成细薄片。将茶水、蔓越莓汁、橙汁以及橙片混合，搅拌均匀。

○ 在玻璃杯中分别放入冰块，再倒入调好的鸡尾酒即可享用。

橙子 1 个

香橙石榴日出

 5 分钟

 1 人份

橙汁 180 毫升

青柠汁 1 茶匙

○ 在雪克壶中放入适量冰块。倒入橙汁和青柠汁。摇晃 20 秒钟。

○ 用叉子将石榴果实剥离出来,将其铺在杯子底部。

○ 先将混合果汁倒入杯中,再加入石榴汁即可。

石榴果粒 1 汤匙

石榴汁 30 毫升

无酒精桑格利亚

调制时间 30 分钟,
静置冷藏 2 小时

😊 8 人份

南非博士茶包 4 包

澳洲青苹果 1 个

○ 在南非博士茶包上倒入 1 升沸水。浸泡并放凉。

橙子 1 个

橙汁 200 毫升

○ 将澳洲青苹果和橙子切成细薄片。取一只有柄酒壶,倒入放凉后的茶水、橙汁、蜂蜜,并放入水果切片,搅拌均匀。冷藏至少 2 个小时。

○ 冷藏后加入苏打水,搅拌均匀。在玻璃杯中加入适量冰块,倒入调好的鸡尾酒即可享用,冰爽可口。

蜂蜜 100 毫升

苏打水 500 毫升

杧果椰子奶昔

 5 分钟

 1 人份

冰冻杧果 200 克

青柠汁 1 汤匙

○ 将所有配料倒入搅拌机中搅拌，直至制作出顺滑的果汁。

○ 将调好的鸡尾酒倒入马天尼杯中。最后取一枝薄荷进行装饰即可。

椰奶 80 毫升

苏打水 100 毫升

斯皮特鸡尾酒果冻

 调制时间 30 分钟，
静置冷藏 8 小时

 10 人份

柑橘 5 个

明胶 18 片

○ 将柑橘切成两半。压出果汁并用勺子将果肉挖出，果皮留用。将果皮放置在松饼模具中，保持水平。

○ 将明胶切碎，放入一个碗中。取 100 毫升柑橘汁，加热后淋在明胶上。搅拌使明胶彻底溶化。

甘蔗糖浆 50 毫升

阿佩罗开胃酒 250 毫升

○ 倒入甘蔗糖浆、阿佩罗开胃酒和意大利普洛塞克白葡萄酒，再次搅拌均匀。将调制好的液体倒入模具中的果皮上。

○ 加盖放入冰箱冷藏至少 8 个小时，直至果冻成形即可。

大利普洛塞克白葡萄酒
200 毫升

莫吉托果冻

调制时间 30 分钟,
静置冷藏 8 小时

☺ 12 人份

青柠 6 个

白朗姆酒 100 毫升

苏打水 100 毫升

甘蔗糖浆 50 毫升

明胶 12 片

薄荷 3 枝

○ 将青柠切成两半。压出果汁,随后用勺子将剩余的果肉挖出。将青柠皮放置在松饼模具中,保持水平。

○ 将明胶切碎,放入一个碗中。取100 毫升青柠汁加热,淋在明胶上。加以搅拌使明胶彻底溶化。

○ 再倒入白朗姆酒、甘蔗糖浆和苏打水,搅拌均匀后倒入模具中的果皮上。

○ 加盖放入冰箱冷藏至少 8 个小时,直至果冻成形。最后点缀上薄荷叶即可享用。

血腥玛丽果冻

 调制时间 30 分钟，
静置冷藏 8 小时

 16 人份

千禧果 500 克

番茄汁 150 毫升

○ 切掉千禧果蒂，挖出果肉。将挖
出的果肉过筛、留用。

○ 将明胶切碎，放入一个碗中。加
热番茄汁，将其淋在明胶之上。
搅拌使明胶彻底溶化。

明胶 9 片

青柠汁 1 汤匙

○ 再加入其他所有配料，搅拌均匀
后倒入千禧果果皮之中。

○ 加盖放入冰箱冷藏至少 8 个小时，
直至果冻成形即可。

塔巴斯哥辣酱 10 滴

辣酱油 10 滴

柠檬酒果冻

调制时间 30 分钟，
静置冷藏 8 小时

12 人份

柠檬 6 个

柠檬酒 200 毫升

○ 将柠檬切成两半。压出柠檬汁，并用勺子将剩余的果肉挖出。将柠檬皮放置在松饼模具中，保持水平。

伏特加 100 毫升

明胶 18 片

○ 将明胶切碎，放入一个碗中。取 100 毫升柠檬汁加热，淋在明胶上。加以搅拌使明胶彻底溶化。

○ 再将柠檬酒和伏特加倒入其中，搅拌均匀。倒入模具中的柠檬皮上。

○ 加盖放入冰箱冷藏至少 8 个小时，直至果冻成形即可。

西瓜果冻

🔪 30 分钟

🍲 准备时间 5 分钟，
静置冷藏 8 小时

😊 8～10 人份

西瓜 250 克

伏特加 150 毫升

○ 西瓜去籽，挖出果肉。将西瓜果肉放入搅拌机中，直至搅拌均匀。用漏勺过滤出西瓜汁。

○ 将明胶切碎，放入一个碗中。取100 毫升西瓜汁加热后淋在明胶上，加以搅拌使明胶彻底溶化。

青柠汁 50 毫升

甘蔗糖浆 50 毫升

○ 再将伏特加、青柠汁和甘蔗糖浆倒入其中，搅拌均匀后倒入西瓜皮中。

○ 加盖放入冰箱冷藏至少 8 个小时，直至果冻成形。取出切片即可享用。

明胶 20 片

马苏里拉芝士条

 30 分钟

 10 分钟

 14~16 人份

蜂蜜面包 14~16 片

马苏里拉奶酪 200 克

帕尔玛奶酪 40 克

罗勒番茄沙司 200 克

鸡蛋 1 个

煎炸用油少量

○ 用擀面杖将蜂蜜面包片擀平。

○ 将马苏里拉奶酪与帕尔玛奶酪擦成丝。与鸡蛋混合，搅拌均匀。撒上适量盐和胡椒调味。

○ 舀一勺奶酪鸡蛋混合物倒在面包片上。蘸点水湿润面包片边缘。将面包片卷起来，切记要卷紧实，并且要将两端捏紧，防止内料外溢。

○ 加热使油温升至 180℃。将面包条放入油锅中炸，每一面炸 2 分钟，直至面包外观呈现金黄色。配上温热的罗勒番茄沙司即可享用。

芝麻酱油爆米花

 20 分钟

 15 分钟

 8 人份

葵花子油 3 汤匙

爆米花专用玉米粒
80 克

糖 2 汤匙

酱油 2 汤匙

芝麻 3 汤匙

干蒜 1 茶匙

○ 在一个大平底锅中倒入 2 汤匙葵花子油，置于中火上加热。倒入玉米粒，盖上锅盖并将火关掉闷 30 秒钟。重新开火，随后不断晃动平底锅直至玉米粒爆开。将爆米花取出装在一个沙拉盆中备用。

○ 在同一个平底锅中放入其余所有配料，开中火加热，直至酱汁呈焦糖色。将酱汁淋在爆米花上，搅拌均匀。再加入适量盐和胡椒调味即可享用。

茴香酒橄榄

🔪 制作时间 10 分钟，
静置冷藏 30 分钟

☺ 6 人份

青橄榄 200 克

橙皮 1 茶匙

○ 将大蒜切成薄片。将茴香子放入
长柄平底锅中烤 2~3 分钟。

○ 将所有配料混合，搅拌均匀。盖
上盖子，冷藏至少 30 分钟即可。

大蒜 1 瓣

茴香子 1 茶匙

茴香酒 1 汤匙

橄榄油 1 汤匙

波尔图红酒杏仁奶酪冰激凌

 制作时间 30 分钟，
静置冷藏 1 小时

 5 分钟

 8 人份

波尔图红酒 60 毫升

孔泰奶酪
230 克

可涂抹奶酪 230 克

杏仁片 50 克

○ 将波尔图红酒倒入长柄平底锅中，开中火煮大约 5 分钟，将其浓缩。然后放凉。

○ 将孔泰奶酪擦丝，和可涂抹奶酪混合，搅拌均匀。加入适量盐和胡椒进行调味。

○ 取一个碗，放入一半奶酪混合物，倒入加热后的波尔图红酒，搅拌均匀。接下来再加入另一半奶酪混合物，再次搅拌，搅拌动作要轻缓，以便能够呈现出大理石纹路的效果。冷藏 1 个小时。

○ 将冷藏后的冰激凌揉成球形。将杏仁片放入平底锅中烤数分钟，直至金黄。将冰激凌球放在杏仁片上滚动，或是手动将杏仁片装饰在冰激凌球上。

辛辣坚果蝴蝶饼

 5 分钟

 15 分钟

😊 6～8 人份

坚果混合物 100 克

小蝴蝶脆饼 100 克

○ 烤箱预热至180℃，将黄油融化。

○ 将所有配料混合在一起，搅拌均匀。

○ 在烤盘上铺上油纸，将搅拌均匀的配料铺在油纸上，放入烤箱烤15分钟直至烤成焦糖色即可。

黄油 25 克

枫树糖浆 2 汤匙

西班牙混合香辛料
1 茶匙

茴香酒费塔蘸酱

 制作时间 10 分钟，
静置冷藏 30 分钟

☺ 8 人份

费塔奶酪 180 克

希腊酸奶 1 盒

○ 将费塔奶酪、希腊酸奶和茴香酒放入搅拌器中搅拌，直至混合均匀。加入适量盐和胡椒调味。放入冰箱冷藏至少 30 分钟。

○ 取出冷藏过的蘸酱倒入碗中，淋上橄榄油，再撒上红辣椒粉。搭配新鲜果蔬即可享用。

橄榄油 2 汤匙

茴香酒 1 汤匙

红辣椒粉少许

血腥玛丽酱虾

 10 分钟

😊 6～8 人份

番茄沙司 150 克

柠檬汁 1 茶匙

○ 先将芹菜切碎成末。

○ 将芹菜末、番茄沙司、柠檬汁、辣酱油以及塔巴斯哥辣酱混合在一起，搅拌均匀调制成血腥玛丽蘸酱。

○ 将煮熟的虾摆盘。将调好的血腥玛丽蘸酱倒入小碗中。以虾蘸酱即可享用。

芹菜 1 根

辣酱油半茶匙

塔巴斯哥辣酱 10 滴

虾 400 克

龙舌兰醉虾

 10 分钟

 5 分钟

 6 人份

明虾 12 只

椰油 1 汤匙

○ 将椰油倒入平底锅中，开中火加热后，放入明虾，每面煎2~3分钟。

○ 再倒入龙舌兰酒，煮 30 秒钟。加入适量盐和胡椒调味。将青柠切成两半，取一半将青柠汁挤在明虾上，将另外半个青柠切片。

○ 将熟虾摆盘，点缀上香菜和青柠片即可享用。

龙舌兰酒 40 毫升

青柠 1 个

香菜 1 把

金酒生蚝

 5 分钟

:) 4~6 人份

生蚝 12 个

黄瓜 1 根

○ 打开生蚝，摆放在铺有冰块的盘子上。

○ 将黄瓜、红辣椒和红葱头切碎。将碎末同金酒和青柠汁混合，搅拌均匀，调成酱汁。

○ 将酱汁倒进蘸料碗中，生蚝配上酱汁即可享用。

红辣椒 1 个

红葱头 1 个

金酒 1 汤匙

青柠汁 1 茶匙

威士忌奶酪

 20 分钟

 15 分钟

 4~6 人份

白糖 150 克

威士忌 80 毫升

○ 烤箱预热至 180℃。拆掉卡门贝奶酪的包装。将其放入烤箱中烤 15 分钟。

○ 将白糖倒入平底锅中，开中火烧至白糖呈焦糖色。将火关掉。倒入威士忌，加入黄油。搅拌均匀，直至形成光滑的酱汁。

黄油 45 克

卡门贝奶酪 1 块

○ 将调好的酱汁淋在新鲜出炉的奶酪上，再将预备好的夏威夷果仁点缀在上面。

○ 将威士忌奶酪涂在烤面包片上，即可享用。

夏威夷果仁 50 克

配料索引

图书在版编目（CIP）数据

鸡尾酒 / （法）杰西·卡内罗斯·魏纳著 ；（法）里
夏尔·布坦摄影 ；宫古儿译. — 北京 ： 北京美术摄影
出版社，2018.12
（超级简单）
书名原文：Super Facile Cocktail
ISBN 978-7-5592-0175-1

Ⅰ. ①鸡⋯ Ⅱ. ①杰⋯ ②里⋯ ③宫⋯ Ⅲ. ①鸡尾酒
—调制技术 Ⅳ. ①TS972.19

中国版本图书馆CIP数据核字（2018）第211702号
北京市版权局著作权合同登记号：01-2018-2836

责任编辑：董维东
助理编辑：杨 洁
责任印制：彭军芳

超级简单

鸡尾酒
JIWEIJIU

[法] 杰西·卡内罗斯·魏纳 著
[法] 里夏尔·布坦 摄影
宫古儿 译

出 版 北京出版集团公司
北京美术摄影出版社
地 址 北京北三环中路 6 号
邮 编 100120
网 址 www.bph.com.cn
总发行 北京出版集团公司
发 行 京版北美（北京）文化艺术传媒有限公司
经 销 新华书店
印 刷 鸿博昊天科技有限公司
版印次 2018 年 12 月第 1 版第 1 次印刷
开 本 635 毫米 × 965 毫米 1/32
印 张 4.5
字 数 50 千字
书 号 ISBN 978-7-5592-0175-1
定 价 59.00 元
如有印装质量问题，由本社负责调换
质量监督电话 010-58572393